写真は語る

# 沖縄の危機は世界の危機

## ウチナーンチュぬウムイ

仲宗根 和子

遊行社

# 「沖縄の危機は世界の危機」新装版発行にあたって

「沖縄を再び戦場にしてはならない！」故に
「不戦の誓い、憲法九条を守る！」
との想い（ウムイ）で、日ごろ世界や日本の情勢を見ているのだが、最近、見ているだけではダメだ！
との思いを強くしている。

世界では、ウクライナやパレスチナの悲惨な戦争が収まる気配はなく、日本は、その悲惨さを学ぶことなく、太平洋戦争で得た教訓、「基地は攻撃される」も忘れ、南西諸島の軍事要塞化を急速に進めている。

馬毛島（鹿児島県）の自衛隊戦闘機訓練基地建設――奄美大島のミサイル基地建設――沖縄本島のミサイル・電子戦部隊などの基地建設――宮古島のミサイル・電子戦部隊基地建設――石垣島のミサイル基地、弾薬庫などの建設――与那国島の電子戦部隊基地建設――などなどは、戦争が起こることを想定した動きである。それらのことは、見ているだけではダメで、阻止しなければならないことだ。

この空はいったい誰れのもの？　この海もいったい誰れのもの？　地球上、みんなつながっていて、鳥や魚、そして人間、私たち皆のものではないか！　それを「中国が台湾の独立を阻もうとしている」ということを口実にして、（台湾は現状維持を希望し、決して独立のための戦争を肯定している訳ではない。）東シナ海を線引きして、戦を仕掛けようとしているのが見える。アメリカの武器商人の暗躍である。

私が最近訪れた地域や国を図示して、改めて考えてみると一目瞭然だった。（６ページ地図参照）１９５１年締結の「日米安全保障条約」の下、日本がアメリカに協力して南西諸島を軍事要塞化するということは、中国が太平洋に出ることを塞ぐことに他ならない。そして、ロシアをも封じ込めかねない為、北方領土（千島列島）の返還も遠のいていると思えた。アジアから遠いアメリカにとって、自由に太平洋を横切り、アジアに影響力を持つためには、日本の基地を利用することが有効な手段なのである。

日本の自衛隊が、沖縄で、アメリカやオーストラリア、ドイツ、オランダ、カナダ軍（ＮＡＴＯ）などと秘密裏に、しかも遠いテニアンまで行って積極的に行動を訓練していることは、まさに戦争の準備ではないか。恐ろしいことである。沖縄で、戦争の訓練をしている外国の兵士たちは、パスポートを持って日本へ入ってきたのか？　その疑問も解けない。それに気付いたら少しでも多くの平和を願う人たちに知らせるべきだと、新装版「沖縄の危機は世界の危機」をまとめることにした。

微力ではあるが、平和のために役立ちたいとの私の思いである。

２０２５年１月

# 目次

ロシア
アラスカ
オホーツク海
ベーリング海
アリューシャン列島
モンゴル
千島列島
日付変更線
中華人民共和国
朝鮮民主主義共和国
大韓民国
北京
太平洋
奄美大島
沖縄本島
小笠原諸島
与那国島
台湾
北マリアナ諸島
サイパン島
テニアン島
グアム島
ハワイ島
ミャンマー
ラオス
タイ
ベトナム
フィリピン
カンボジア
ブルネイ
マレーシア
ボルネオ島
シンガポール
インドネシア
東ティモール
キリバス
赤道
パプアニューギニア
バヌアツ
フィジー
ニューカレドニア
オーストラリア
ニュージーランド

# 一章　万国律梁で平和を
# 「写真展」沖縄から東京、そして福島へ

沖縄が琉球国として栄えていた時代には、「万国津梁（ばんこくしんりょう）はすべての国々の橋渡しとなる」ことをスローガンとしていた。

世界に武力紛争が絶えない今こそ、日本は、憲法九条を活用し、平和裏に、世界に繁栄をもたらす「万国津梁」としての役割を果たせるのではないかと思い、活動を続けている。

以下はその活動として、東京「ギャラリー結」ではじめての写真展をしたのが２０２０年８月、その３年後、福島で「２０２３年ふくしま平和のための戦争展」に参加した記録のまとめである。

**Nuchi du Takara**

**「命どぅ宝」とは命こそ宝、闘う県民の合言葉だ**

琉球王朝最後の王尚泰《しょうたい》が詠んだ琉歌（8･8･8･6）から採ったと言われる

「いくさせんしまち　みるくせんやがて　嘆くなよ臣下　命どぅ宝」

※「琉球処分」で王は1879年首里城退出・東京移住を命じられ、琉球王国が崩壊した

（名護市辺野古　2017.5.）

**待ってました！**

**若い力の台頭、世界的視野に期待する**

ホワイトハウス（アメリカ大統領）へ直訴のとりくみ

（名護市辺野古キャンプ・シュワーブ前　2019.1.）

## ゆかりの地（安里・大道）に在るひめゆり同窓会館

（那覇市栄町市場　2018.4.）

追い詰められ、銃口にさらされ、波にさらわれた
沖縄戦 南部　絶望の海岸線

（糸満市摩文仁　2018.6.）

**慰霊の日　親族との語らい**

沖縄戦での戦死者名を銘板している平和の礎《いしじ》

（糸満市摩文仁　2018.6.）

**2018年の「平和の礎」、**
**追加刻銘58人に入った報告をする**

2020年現在、刻銘者総数は241,593人

（糸満市摩文仁　2018.6.）

宮古島の親族を代表して訪れた一家族
「平和の礎」での一日

（糸満市摩文仁　2020.7.）

首里から南部への道、
鉄の暴風に痛めつけられた「死の十字路」、
山川橋のほとりに生るバナナ

（南風原町津嘉山　2020.7.）

**樹齢40年のゴールデンシャワー**

セメント瓦の屋根の家の庭で、シーサーも見守っている

（本部町嘉津宇　2020.7.）

**県立博物館・美術館　前庭のシーシ（獅子）**

その場所を守るシーサーは
屋根の上か門の入口に設置される

（那覇市おもろまち　2024.10.）

**沖縄・嘉手納基地**

極東最大米空軍基地

まわりは住民の暮らしの場　ここも超危険

（嘉手納町　2024.6.）

## 超危険、軍民共用の那覇空港

なぜ戦闘機が旅客と同じ滑走路を使用するのか、
拡大する基地、自衛隊使用の民間空港

（那覇市　2020.3.）

**“いまいましい”看板**

立ち入り禁止の警告板「WARNING －警告－」は
沖縄のいたるところにあり、私たちの神経を逆撫でする

（名護市大浦湾をのぞむ　2019.10.）

**広々とした基地内の米軍住居**

思いやり予算で快適に暮らす米軍関係の人々の居住地
ここは米国の法律によりオスプレイ飛行禁止区域として、
安全が守られている

（北中城村キャンプ瑞慶覧　2020.7.）

**夜の雄叫び　県民広場で**

辺野古新基地反対の県民投票前夜

（那覇市県庁前　2019.2.）

**キャンプ・バトラー　ここはどこの国か？**
現在、キャンプ・ズケラン内の
米海兵隊太平洋基地（MCIPAC）の司令部

（北中城村　2020.7.）

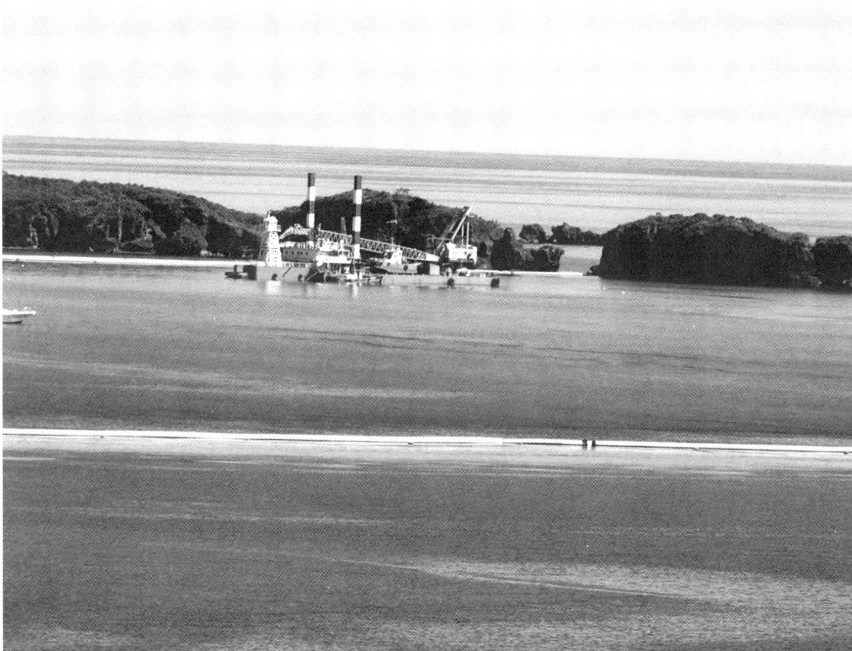

**新基地建設中の大浦湾を大きく囲う**
**オレンジの立ち入り禁止フロート**

海の青さ、自然の豊かさは損なわれ続ける

（名護市　2017.7.）

## 慎重に立つ

シュワーブ基地と一般道路を区切るイエローライン、
ラインの中に入ると逮捕される

（名護市辺野古　2020.2.）

**ぶれずに立つ！**

月曜日の朝「安里・大道・松川　島ぐるみの会」のスタンディング

モノレール安里駅下

（那覇市安里　2020.6.）

困難に負けず行動する、県外からの参加者

（名護市辺野古　キャンプ・シュワーブ前　2018.4.）

**石になって座り続ける**

機動隊と民間警備員に対峙する人々

（名護市辺野古　2018.4.）

機動隊に阻まれながらも
安和港土砂運搬のトラックを牛歩で阻止する婦人たち

（名護市安和　2018.4.）

**私たちは言い続ける「全基地撤去」**
**人間の鎖になってキャンプ・シュワーブ基地包囲**

（名護市辺野古　2017.7.）

**「辺野古ぶるー」カヌー隊の出発**

美ら海を埋め立て米軍基地を造る計画を阻止しようと、
日々カヌーで海に漕ぎ出している仲間たち

（名護市辺野古　2018.12.）

**キャンプ・シュワーブ前**
**それぞれの思いを旗に込めて立つ**

（名護市辺野古　2018.7.）

ごぼう抜きされて柵の中へ押し込められた
アウシュビッツへの護送に似て！

（名護市辺野古　2018.4.）

## 想い　ウムイ深く

民意置き去りにされた沖縄の怒り、痛みをかみしめて

（名護市辺野古　2019.1.）

**シッティングの月曜日**

94 才の元鉄血勤皇隊の儀間昭男さん
僕はシッティングだけど、スタンディングよ！と
毎週自作のボードを持って参加する

（那覇市安里　2020.7.）

## オール沖縄、心を合わせ　声を合わせ

辺野古新基地建設を止め、オスプレイの配備撤回、
普天間基地の閉鎖撤去、県内移設断念を求めた
「建白書」の精神を実現させるために結成された
「オール沖縄」に結集する衆・参両国会議員の５名と市民たち

（名護市辺野古　2020.2.）

機動隊員の視線の先はどこに向かっているのか？

（名護市辺野古　2018.4.）

**悲しみと怒り**
**命をかけて国と闘った翁長知事の追悼集会にて**

翁長雄志知事は 2018 年の死去まで米軍普天間飛行場の
辺野古移設をめぐる問題を「オール沖縄」としてまとめ、
地方自治を盾として政府と闘い続けた

（那覇市奥武山　2018.8.）

**翁長知事突然の死を受け入れがたく**

悲しみの中決意を新たに７万人の「おもい」

（那覇市奥武山　2018.8.）

**「ありがとう。あなたの勇姿を忘れない」のボード**

翁長雄志知事の命日（８月８日）を前に
スタンディングで掲げる

（南城市佐敷　2020.7.）

**ごぼう抜きにも慣れた？**
**いや、慣れてはいけない闘志百倍！ 不屈に!!**

（名護市辺野古　2018.4.）

**県民大会でのアピール**

辺野古新基地はできない！

なぜなら私たちは勝つまであきらめないから

（那覇市おもろまち　2019.3.）

**市民の生活や県民大会を見守る、**
**解放地の公園のガジュマルの大木**

沖縄の民主主義が乱暴に破壊されている姿を見つづけている

（那覇市おもろまち　2019.3.）

**首里城奉神門、焼け残った一角**

第二次世界大戦では、地下に 32 軍司令部壕があったため
爆撃され、全焼するという憂き目を見た
首里城は沖縄の歴史・文化を象徴する城
2019 年10月の火災により一部消失、現在復旧が進められている

（那覇市首里城　2020.2.）

「1965 年 4 月 20 日、祖国復帰行進を見にきた少女は、
猛スピードでやって来た米軍のトラックに轢かれて死んだ」
危険を省みず、夢中でシャッターを切り、ネガを守り通し、前線基地の恐怖を発表した当時の写真を持つカメラマン嬉野京子さん

（那覇市 県庁前　2023.11.）

**「子ども達の未来に基地は要らない！」**

「ガマフヤー」具志堅隆松氏のハンガーストライキを支援して
座り込む女性の訴え

（那覇市 県庁前　2022.6.）

福島市　コラッセ（2023．8月）
ふくしま「平和のための戦争展」の仲間たち
（著者は2列目左から2人目）
※写真提供・Hiroko Aihara（ジャーナリスト）

福島では初めての沖縄の展示に多くの人が訪れた

1945年7月、福島市渡利に原爆模擬爆弾、パンプキンが投下されていたということを知った展示（全国で49発投下
※写真は模型）

石田久紘さんの書「万国津梁日本列島基地無用」と
儀間昭男さんの書「戦世も済まち みるく世もやがて 嘆くなよ臣下 命どぅ宝」
書で展示に参加した。

（東京大田区　結ギャラリー　2020）

# 二章　美しい島々で、急速な軍事要塞化が

沖縄の面積は日本国土の０・６％にすぎない。
そこに、全国の70％以上の米軍基地が沖縄本島に集中する。
そして、今まで基地のなかった石垣や与那国の島々に自衛隊基地が作られ、それらは米国の軍事戦略基地「第一列島線」として拡大され、北マリアナ諸島米国領のグアム、サイパン、テニアンの「第二列島線」に並び、要塞化が進んでいる。

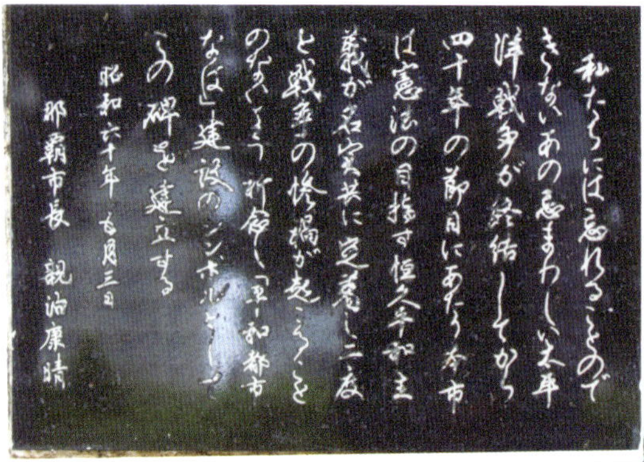

**第二次世界大戦の日本で唯一地上戦が行われた沖縄には**
**恒久平和を願う九条の碑が至るところにある**
**全国 38 基のうち 8 基は沖縄にあり、碑の数としては、ダントツである**

・与儀公園の碑／親泊市長のことば（写真左上）

・宮古憲法九条の碑（宮古島市）（写真右）

・毎年碑を清める人々は、清掃後のうたごえで集う
左端に写っているのが与儀公園の九条の碑（写真左下）

（沖縄本島と宮古島　2022.5. 2024.9.）

2001 年全国で 7 番目に建てられたこの碑の意匠は、
［傾いた平和の象徴の鳩を、九条の碑が支えている］というのである

（石垣 新栄公園　2024.9.）

（資料 P104. 参照）

**首里城地下にはりめぐらされた**
**32 軍司令部壕入口と城壁**

この壕のために首里城は爆撃され焼き払われた

（那覇市首里　2024.12.）

辺野古　キャンプシュワーブ闘争小屋前の
座り込みの日数　約９年半である

（沖縄　2024.11.）

## 安里、大道、松川、島ぐるみの会のスタンディング

356 回目、９年目の朝に集う不屈の面々

（那覇市安里　2024.11.）

**辺野古ぶるーのカヌーの乗り手の出立**

ウチナーンチュは、状況が厳しい中でも笑顔絶やさず不屈！

うしろは大浦湾と辺野古基地

（名護市 瀬嵩の浜　2024.11.）

**おもろまちの夕ぐれ時**

一角に米軍総司令官バックナー中将戦死の激戦地
シュガーローフのある米軍の家族の居住地だった場所
返還されて今は文化施設、公園などのある地域として繁栄している

（那覇市おもろまち 2024.11.）

# 三線《さんしん》は沖縄の宝

**激戦地浦添城址の木陰で伝統文化を受け継ぐ**
**三線を練習する少年**（写真左上・浦添市浦添城址　2017.8.）

**奥武山での県民集会で歌う石垣出身の老人**
（写真左下・那覇市奥武山　2023.11.）

**カンカラサンシン**
焼け野原となった戦後、米軍の巨大缶詰の空き缶とパラシュートの紐を使って三線を作り人々の心を癒した（写真右下・那覇市　2024.12.）

**復旧工事途中の首里城奥より**
**東シナ海へ続く眺め**

守礼の門に至る首里城の２つの門をくぐって
今はビルの建ち並ぶ城下を王様は想像できたであろうか（写真右）

（那覇市 首里　2024.1.）

**サクララン**

琉球列島、台湾など東南アジアにかけて、自生するつる草
良い香りのある淡紅色の星型の花を多数密につけて美しい

（南城市　2024.11.）

奄美大島

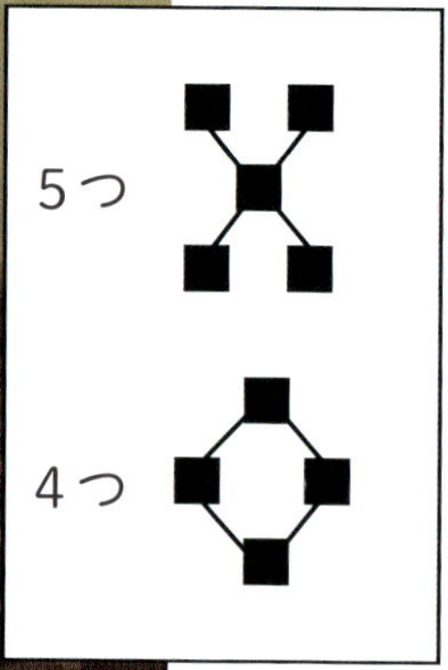


5・4
いつの世までも
末永くの意味

**熱唱する奄美の歌者《うたしゃ》と三味線**

熱唱する奄美の歌者の三味線の胴に巻かれていた
【いつの世までもの ― 5と、4の印】
ミンサー織りは石垣の織りもの
良き文化は広がるのだ

（奄美大島　2024.6.）

## 大熊《だいくま》のミサイル基地

世界自然遺産奄美大島の山々に抱かれ隠されているなんて
世界遺産に失礼ではないか

（奄美大島　2024.6.）

**知《ち》名《な》瀬《せ》漁港《ぎょこう》に並べられた巨大消波ブロック**
**テトラポット群と防衛庁の看板**

200m 以上はあったか？ 漁港の道をはさんで長く２列並んでいた
馬毛島（種子島横）の基地造成のために使われる
その基地は戦闘機のタッチ＆ゴーの訓練場として使われるのである

（奄美大島　2024.6.）

**頑丈なコンクリート造りの奄美の旧陸軍弾薬庫**

第二次世界大戦時に造られ、今に残る
コンクリートの壁の層の厚さを実感した
物資のない日本が作ったものとも思えず

（奄美大島　瀬戸内町　2024.6.）

**宮古島陸上自衛隊基地前の横断幕**

憲法九条をないがしろにし、軍事基地要塞化を進める
政府の政策に異をとなえる住民のことばは私の主張でもある

（宮古島　2024.10.）

**肩を組んで同一の盃から酒を飲む**
**台湾牡丹郷の人と琉球人の碑**

写真は青木恵昭さん提供

（宮古島・カママ嶺公園　2024.10.）

**手をとりあって和平を誓う　牡丹郷でのセレモニー**
**沖縄県照屋義実副知事と青木恵昭さん参加**

150 年前の悲劇「牡丹社事件」
54人の宮古人が意思疎通できず台湾で殺された
写真提供の青木恵昭さんは、牡丹社事件で生き残った 12 人のうちの子孫である
お互いに理解することが大切との教訓になる
最近台湾と宮古島で交流セレモニーが開かれた　友好外交の一例

（台湾・牡丹郷　2024.5.）

碑の前でチマチョゴリを着て、朝鮮の花ムクンゲを持って
慰安婦となった女性たちを悼み舞う、女優の有馬理恵さん

（宮古島　2016.4.）

**アリランの碑（上野野原地区）**

第二次世界大戦時に朝鮮慰安婦の居住する兵舎が
近くにあったことを示す碑
トウガラシを慰安婦から所望された当時少年の
与那覇博敏さんが提供した土地に建つ

（宮古島 2024.10.）

**航空自衛隊基地（宮古島上野野原地区）のレーダー群**

軍事強化の現れと見えるその数 10 基
電磁波の影響いかばかりか！と恐れ心配する

（宮古島　2024.10.）

**保良訓練場**

位置関係を示しながら住民の思いを伝える
保良地区の人々

（宮古島　2024.10.）

**保良訓練場（陸上自衛隊）の弾薬庫建設現場**

保良部落直下に弾薬庫はある
住民の声は「弾を抱いては寝むれない」のだ
その思いは納得できる
右上奥に集落が見える

（宮古島　2024.10.）

**陸上自衛隊基地（八重山警備隊＆宮古島保良訓練場の門）**

家内安全、平和を守るシーサーや、永遠の愛を表すミンサー織りのデザインを陸上自衛隊基地の門柱に使っているのは違和感があり、怒りさえ感じる！

（石垣　2024.10.）

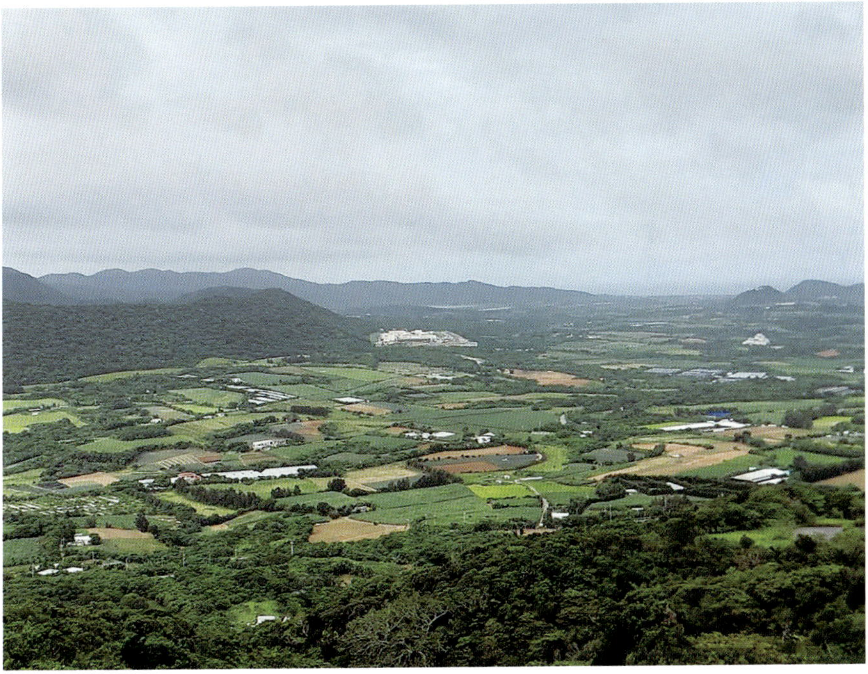

**沖縄一の標高 526m、於茂登岳《おもとだけ》のふもと**

畑が広がる中に４つの弾薬庫を設置した
石垣の陸上自衛隊基地遠望
今後、左の森の農林高校演習地近くまで
基地を拡大する予定とか（資料 P105 参照）

（石垣　2024.10.）

# 与那国島

**日本国最西端を示す碑**

台湾まで111Km。北京まで（1833Km）が東京まで（2112Km）より近い
みな隣人、仲良くしなければとの思いか
晴れた日には台湾の島影も見えるとか
与那国中学と久部良中学の卒業生による建立
与那国には高校がない　基地より高校を！

（与那国　2024.9.）

## 祖納《そない》の集落

歌にもうたわれた美しいナンタ浜がある
島の要塞化が進んでいるので、
現在ののどかなたたずまいが失われてゆくのを危惧する

（与那国　2024.9.）

**レーダー群**

面積 28.95㎢、島の長さ 14km の小さな島に電子戦部隊の配備で、インビ岳（島の中央）に５基、西の駐屯地に１基　またたく間に６基のレーダーが建った

（与那国　2024.9.）

## 東崎《あがりざき》放牧地

エサ場を失いつつあるヨナグニ馬たち
全ては基地のために整備されてしまう
戦車も通るアスファルト道路が広く続いていた

（与那国　2024.9.）

# グアム

**グアム（米領）のブラス基地のレーダー**

普天間のヘリ基地の移転先として
グアムに建設中のレーダーの数に驚いた
グアムは島の３分の１が米軍基地に使われているとのこと
そのブラス基地に似たレーダーの数の宮古島の危機を思う

（グアム 2020.11.）

**グアムとサイパン（ともに米国領）の旗にあらわれた差別**

グアムの旗は、星条旗より常に下にかかげられているという
サイパンは花の輪が変えられて、独自性が退けられていた

（グアム 議事堂前庭　2024.4.）

オリジナルのサイパンの旗（中央）と、
米領下で改ざんされた旗（右下）

（サイパン 2024.4.）

## ガラパン波止場の夕日

なんという美しい夕日だろうか
ここはかつての南洋貿易の繁華な商業の中心地だった
その残骸が所々波間に顔を出している

（北マリアナ諸島サイパン　2024.4.）

**サイパンの沖縄の慰霊の塔**

素朴だが４人に１人の死者を出した１県の塔として
立派に思いが込められていると感じた
沖縄県関係戦没者数 6,217 人

（サイパン　2024.4.）

## バンザイ岬のある海岸

海はあくまでも青く、
単なる観光客ではないと思われる韓国からの訪問団(写真下)の人たちが
多かったのが印象に残った
平和への思いは皆同じなのだ

(サイパン　2024.4.)

**日本の慰霊碑の横になびく国旗と歌碑**

左からアメリカ、サイパン、日本の順に並ぶ旗
歌碑はバンザイ岬から飛び降り自殺した女性を悼む内容

（サイパン　2024.4.）

## サイパンにもあった奉安殿

通常小学校内に建てられ、天皇・皇后の写真（御真影）と
教育勅語が納められて天皇崇拝の道徳に使われた
1935年に建てられたそれは、鉄製の戸がついた頑丈なコンクリート製
そこに、激しい銃撃の跡が残っていた

（サイパン　2024.4.）

**マナガハ島の大砲？ 高射砲？**

現在はマリンパークとして自然豊かな地域となっている が、旧日本軍の兵器が海に向かって残されたままだ

（サイパン 2024.4.）

鳥の巣が岩場に点在し、
果てしなく青く美しい海岸で鳥たちが飛翔し、
海ガメが泳いでいるのを見て平和を願った

（サイパン　2024.4.）

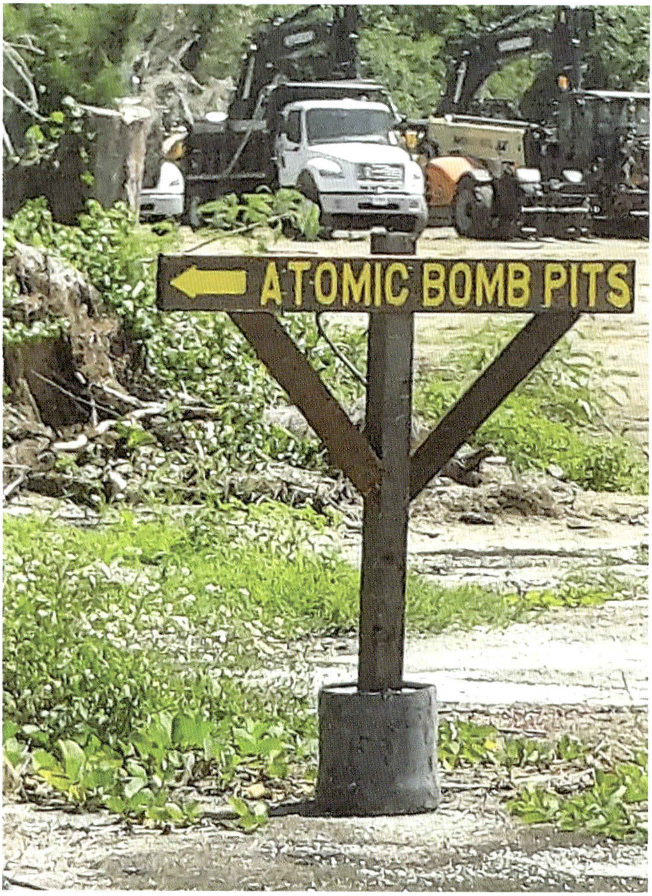


**B29 が広島・長崎へ投下した**
**原爆が組み立てられた場所への道を示す標識**
その後には、新しい基地建設のための車両が並んでいた

（テニアン　2024.4.）

**B29が広島・長崎へ投下した**
**原爆を組み立て格納した場所**

旧日本軍零戦が飛んだ滑走路を
延長してB29用滑走路とした所に近い

（テニアン　2024.4.）

テニアンの建設中のパイプライン
島の北の基地に向かっていた

（テニアン　2024.4.）

## 昼食をとったＢサイン食堂で見たもの

1972 年まで沖縄にも米兵が入っても良い衛生基準を示す
Ａサインバーがあった。
サイパンは広島長崎に原爆を投下した飛行機の出撃基地として有名
だが、ここで自衛隊員が残していったサインとエンブレムを見た
それは、今現在自衛隊がここまで来て、
米軍と行動をともにしているという証拠だ！

（テニアン　2024.4.）

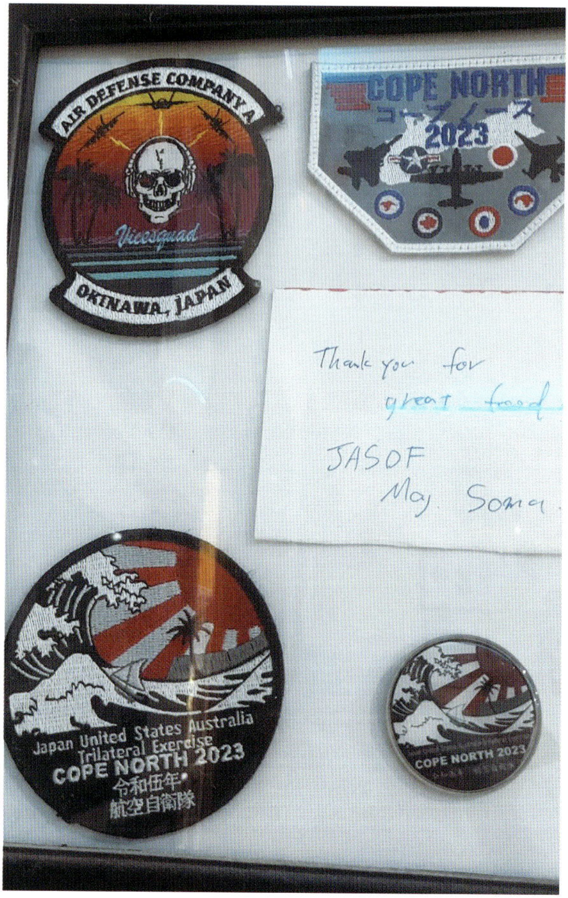


## B サイン食堂で見た自衛隊のエンブレム

（テニアン　2024.4.）

## テニアンの沖縄の慰霊の塔

ここでも集団自決が行なわれたという
沖縄からこの地に石を運んで建てた
遺族の思いはいかばかりか、その強さがうかがわれる
沖縄県関係戦没者数 1,937 人

（テニアン　2024.4.）

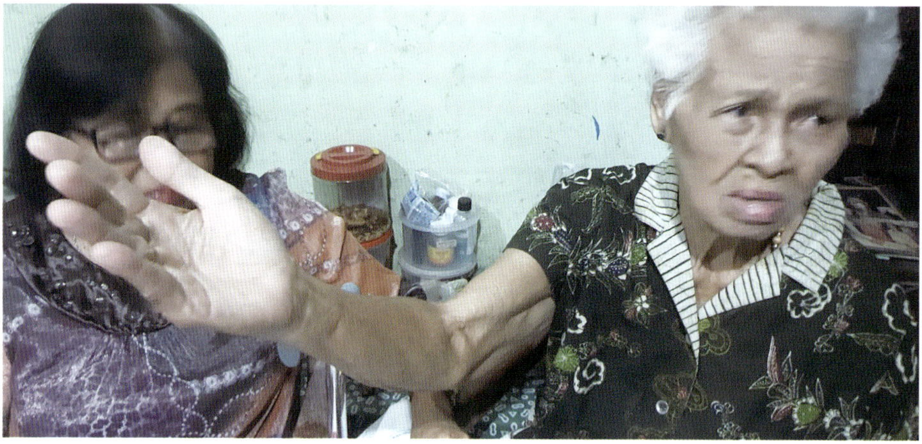

**インドネシアのスキニさん94才**

12才で日本軍の慰安婦にされ、1日4、5人の相手をさせられた
逃げようとしたら軍刀で切られたと、腕の傷を示す
第二次世界大戦時、インドネシアには
慰安婦が17,000人居たといわれている

（インドネシア・ソロ・スラカルタ　2023.11.）

# 三章　「知り、知らせること」は平和を築くこと

戦後80年、沖縄は戦争の恐怖からいまなお解放されてはいない。過去の「沖縄戦」を思いおこさせられる米軍の基地の恐怖が続いている。

# 戦時体験報道スクラップを出品

沖縄県　赤嶺 多美子

福島県福島市で開かれる「平和のための戦争展」に写真で参加する仲宗根和子さんを私なりに応援するために沖縄県内の2紙のスクラップを出しました。

沖縄タイムス、琉球新報は「沖縄慰霊の日」の前後にかかわらず県民の戦時体験を報道しています。タイムスは、２０１２年1月から、コロナ禍の中で中断もありましたが、ほぼ毎週、戦時体験を載せています。新報は、子どもたちが取材する形で月2回、ほぼ一面に掲載しています。

戦後70余年、「新しい戦前が」と危惧される今、沖縄戦の実態を伝え、知らせてくれるマスコミの姿勢を私は評価しています。これらの新聞記事は、まとめられて出版もされていますが、新聞切り抜きで読むと違ったインパクトがあります。私はいつか孫が読んでくれることを願って、これからも切り抜きを続けていこうと思っています。

このスクラップで、福島の皆さんに沖縄のことを伝えられたら幸いです。

# あゆむさんへ

１９４４年（昭和19年）の十・十空襲から約一年間、沖縄は戦場でした。１９４５年3月末の米軍上陸から約４か月近く地上戦があり、沖縄県民の四人に一人が死ぬという地獄でした。おじいさんの家族も次男《じなん》おじさん、三男《さんなん》おじさん、仲小《なかぐわぁー》ばあさんがなくなりました。おばあさんは、俊子姉さん、政矩兄さん、春さん、ナベおばあさん、常太郎おじさん、常栄おじさん、常喜兄さん、康栄さんを亡くしました。

おばあさんたちは戦争が終わって二年後に生まれて、直接戦争を知りません。しかし、身近に戦争で心身を傷つけられた人や、遺物、遺骨などがあり、戦争のにおいや音、空気を肌で感じて大きくなりました。残された人々の悲しみや、苦しみ、新しくスタートした生活に影を落とす戦争の理不尽さをまなんで、再び戦争につながることは許さないとの思いを強くし、ささやかながら頑張ってきました。

戦争を体験した人々は長い間、自分の辛い体験を語ることをしませんでした。やっと重い口を開いて語りだしたのは、あゆむさんのお母さんたちが生まれたころからです。戦争が終わって三〇年近くたっていました。子や孫に二度と自分たちのように地獄のような辛い目にあわせたくないとの思いからと言います。

読んで、学んで、考えて、笑って、歌って、時に泣いて、悩んで、美味しく食べて、寝て、また陽がのぼる朝を迎える、未来に向かって歩んで欲しいと願っています。

２０２３年8月6日　多美子おばあさんより（赤嶺多美子）

## 平和、沖縄の想い写真で伝える

※2020年「モルゲン」10月号掲載

沖縄では、憲法九条が示す「反戦・平和」が踏みにじられている。
左図からもわかるように、国土の0.6%にしかすぎない沖縄のど真中に、在日米軍基地の70%余が置かれて、通行が遮断され、米軍米兵による事件事故の多発で、平安が損なわれ、県民の生活は圧迫されている。
最近では、自衛隊が米軍とともに行動したり、民間施設の港を、軍港代わりに使用するということまで、住民の反対にもかかわらず起っており、戦争にまき込まれる危機を感じざるをえない状況だ。
そして政府は、四半世紀にわたる「辺野古新基地」建設反対の民意（県民投票で72%のNO！）を無視し、コロナ禍の中での自粛を無視し、「辺野古、大浦湾」

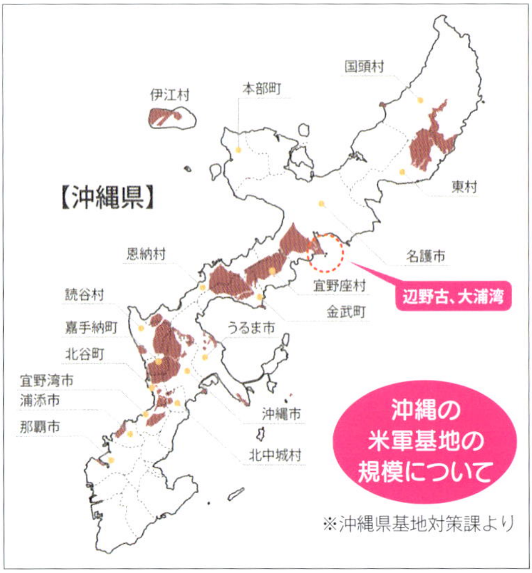

※沖縄県基地対策課より

の無法な埋め立てを、税金二兆五千五百億円（県の試算）も使って続けているのだ。
沖縄のこの現状を全国に知らせたいとの思いで取り組んだ写真展。プロの写真じゃないからいいという言葉に励まされてのものだった。しかしそれは、私に予想以上の収穫をもたらした。そのひとつは、甥の一言。「知らなかった！」沖縄の現状と私たち家族の歴史を、だ。「食事でもしながら、話を聞く機会を作ろうよ！」と甥は本気になっていた。
それは、写真展で紹介した私の出生地の記述から、自分の母親の出生地を知らないことに気付かされ、母親の兄弟姉妹の出生地が、すべて異なるのは、戦後の飢餓で、食を求めて転々と移動したからに他ならないと聞かされてからの言葉だ。そのことは結果、反戦の具体的証明となり、無関心な若者と思っていた甥を見直すことにつながったのだ。
このことから、沖縄を社会に向ってだけではなく、身近な人との対話、そしてきちんと沖縄の現状を説明すること、また一歩踏み出して行動する勇気を持つことの大切さを知ることとなった。
９月、東京・大田区の「ギャラリー結」に「沖縄の今を知りたい」と、コロナ禍を圧して、会場に足を運んでくれた多くの方々（東京やその近郊、ウチナー出身者）がいたこと。多数の新聞が報道してくれたことなど。友人たちの支援も含め、協力・連帯への感謝と感動も、大きな収穫だった。
さらに、「いくさ」に苦しめられた歴史確認の為の再学習の機会を持てたこともだ。例を挙げる。

過酷な沖縄の歴史を、その呼び名から見ると、

琉球国（14Ｃ～17Ｃ）↓琉球藩（19Ｃ）↓沖縄県（19Ｃ～20Ｃ）↓沖縄……太平洋の要石……日本の外国……悪魔の島（20Ｃ～21Ｃ）

この呼び名の変遷は、貿易でアジアと交流する一王国だった琉球が、島津氏・薩摩の侵略で支配され、敗戦後の日本から切り捨てられ、アメリカの軍事的支配下に置かれた。そして、ドルを使い、パスポートを持たないと本土、日本にも行けなくなり、朝鮮・ベトナム・アフガニスタン・イラクへの米軍の出撃基地として使われたことを表している。

米軍車輌には「キーストーン・オブ・ザ・パシフィック（太平洋の要石）」のプレートが今だに一部、つけられている。一体、沖縄とは何か。

「基地のある所は攻撃される」は常識で、戦中、首里城が爆撃され、焼失したのは、その地下に日本軍司令部壕があったからだ。

これ以上、沖縄に悲惨な歴史を背負わさない為に、憲法九条を守り活用することを願わずにはいられない。

「基地の島沖縄」ではなく、美しい海と、おいしい食べもののある「癒しの島沖縄」にする。

これが私の切なる願いである。

※月刊モルゲンは、全国中・高校の図書館に配布されていた読書を柱とした新聞

# 数字で見る沖縄の米軍基地

## 1 在日米軍施設・区域（専用施設）面積

| | 本土 | 沖縄県 |
|---|---|---|
| 面積 | 7,749.4ha | 18,609.2ha |
| 割合 | 29.4% | 70.6% |

※平成29年1月1日現在

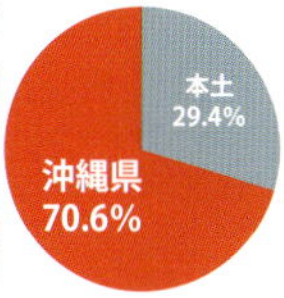

面積

## 2 軍人数

| | 本土 | 沖縄県 |
|---|---|---|
| 軍人数 | 10,869人 | 25,843人 |
| 割合 | 29.6% | 70.4% |

※平成23年6月末現在

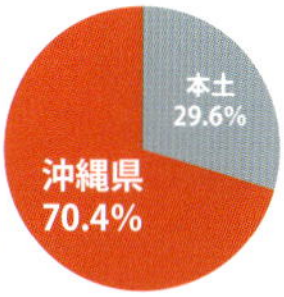

軍人数の割合

## 3 軍別構成割合（軍人数）

| | 本土 | | 沖縄県 | |
|---|---|---|---|---|
| 陸軍 | 1,070人 | 9.8% | 1,547人 | 6.0% |
| 海軍 | 1,208人 | 11.1% | 2,159人 | 8.4% |
| 空軍 | 6,371人 | 58.6% | 6,772人 | 26.2% |
| 海兵隊 | 2,220人 | 20.4% | 15,365人 | 59.5% |
| 計 | 10,869人 | | 25,843人 | |

※平成23年6月末現在

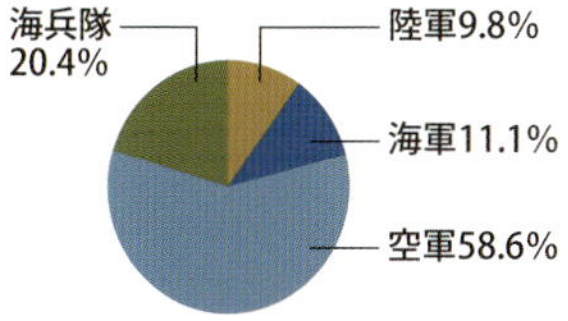

本土

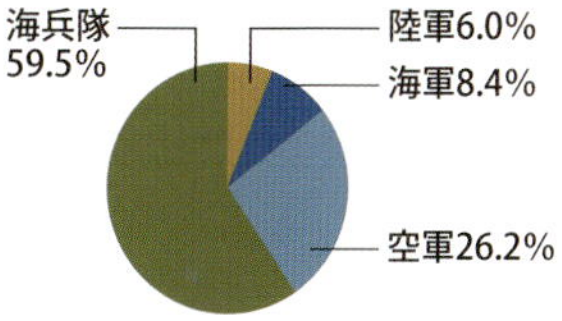

沖縄県

## 4 米軍関係の航空機関連事故件数※

| 墜落 | 不時着 | その他 | 計 |
|---|---|---|---|
| 47 | 518 | 144 | 709 |

## 5 米軍演習による原野火災※

| 件数 | 焼失面積（㎡） |
|---|---|
| 602 | 約38,163,866 |

（東京ドーム816個分の面積に相当）

## 6 米軍構成員等による犯罪検挙件数※

| 凶悪犯 | 粗暴犯 | 窃盗犯 | 知能犯 | 風俗犯 | その他 | 計 |
|---|---|---|---|---|---|---|
| 576 | 1,067 | 2,939 | 237 | 71 | 1,029 | 5,919 |

※沖縄の本土復帰［昭和47年（1972年）］から平成28年末まで　（4〜6まで）

## 7 米軍構成員等が第一当事者の交通事故発生状況

| 件数 | | | | 死傷者数 | | |
|---|---|---|---|---|---|---|
| 軍人 | 軍属 | 家族 | 計 | 死者 | 負傷者 | 計 |
| 2,623 | 406 | 584 | 3,613 | 82 | 4,024 | 4,106 |

※件数は昭和56年以降、死傷者数は平成2年以降の累計（平成28年末まで）

※沖縄県ホームページ（https://www.pref.okinawa.jp/）より

★米軍地位協定第2条4項b(2-4-B)によって、自衛隊が提供している米軍基地が100ヶ所以上存在しています。

●北海道（43ヶ所）

1 名寄駐屯地
2 陸上自衛隊名寄演習場
3 旭川駐屯地
4 陸上自衛隊北海道地区補給処近文台弾薬支処
5 陸上自衛隊旭川近文台演習場
6 滝川駐屯地
7 陸上自衛隊滝川演習場
8 上富良野駐屯地
9 陸上自衛隊上富良野基本射撃場
10 遠軽駐屯地
11 陸上自衛隊遠軽演習場
12 陸上自衛隊上富良野中演習場
13 美幌駐屯地
14 陸上自衛隊美幌訓練場
15 陸上自衛隊美幌射撃場
16 倶知安駐屯地
17 陸上自衛隊倶知安高峰演習場
18 陸上自衛隊倶知安基本演習場
19 陸上自衛隊真駒内弾薬庫
20 札幌駐屯地
21 陸上自衛隊丘珠駐屯地
22 真駒内駐屯地
23 北海道大演習場
24 航空自衛隊当別分屯基地
25 千歳基地
26 陸上自衛隊北千歳駐屯地
27 キャンプ千歳(東千歳駐屯地)
28 陸上自衛隊東千歳駐屯地
29 陸上自衛隊北海道地区補給処東千歳弾薬支処
30 陸上自衛隊東千歳小火器射撃場
31 陸上自衛隊東千歳柏台演習場
32 陸上自衛隊新十津川基本射撃場
33 鹿追駐屯地
34 帯広駐屯地
35 陸上自衛隊十勝飛行場
36 陸上自衛隊帯広演習場
37 航空自衛隊襟裳分屯基地
38 陸上自衛隊鹿追然別中演習場
39 別海駐屯地
40 航空自衛隊計根別着陸場
41 釧路駐屯地
42 陸上自衛隊別海矢臼別大演習場

86 由木通信所（2016年7月返還）
87 硫黄島通信所
88 硫黄島航空基地
89 鶴見貯油施設
90 上瀬谷通信施設（2015年6月返還）
91 横浜ノース・ドック
92 根岸住宅地区
93 池子住宅地区及び海軍補助施設
94 浦郷倉庫地区
95 陸上自衛隊長坂小銃射撃場
96 海上自衛隊横須賀地方総監部横須賀消滋所
97 横須賀海軍施設
98 吾妻倉庫地区
99 相模総合補給廠
100 相模原住宅地区
101 キャンプ座間
102 厚木海軍飛行場
103 海上自衛隊厚木航空基地
104 海上自衛隊対潜戦センター

●中部（10ヶ所）

105 高田駐屯地
106 陸上自衛隊高田関山中演習場
107 陸上自衛隊北富士演習場
108 航空自衛隊岐阜基地
109 航空自衛隊小松基地
110 航空自衛隊輪島分屯基地
111 富士営舎地区
112 滝ヶ原駐屯地
113 陸上自衛隊東富士演習場
114 沼津海浜訓練場

●近畿・中国（16ヶ所）

115 今津駐屯地
116 陸上自衛隊今津饗庭野中演習場
117 陸上自衛隊饗庭野基本射撃場
118 経ヶ岬通信所
119 航空自衛隊経ヶ岬分屯基地
120 陸上自衛隊伊丹駐屯地
121 川上弾薬庫
122 陸上自衛隊海田市原村演習場
123 灰ヶ峰通信施設
124 呉第六突堤
125 広弾薬庫
126 秋月弾薬庫

# ご存知ですか？

## 日本全国に米軍基地・施設が約200ヶ所もあることを！

発行元：沖縄・日本から米軍基地をなくす草の根運動（2017年制作）
〒150-0042 東京都渋谷区宇田川町 19-5-1001　TEL：090-4175-2010
kusanone@world.ocn.ne.jp　URL：http//www.kusanone.org
頒価：200円　郵便振込口座：00190-5-611535

普天間飛行場のオスプレイ

ニューサンノー米軍センター
（日米合同委員会会場）

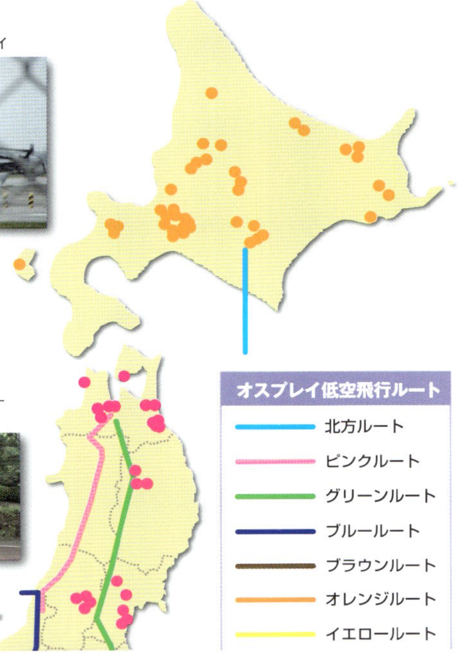

43 航空自衛隊奥尻島分屯基地

●東北（26ヶ所）
44 大湊分屯基地
45 青森駐屯地
46 陸上自衛隊青森小谷演習場
47 車力通信所
48 弘前駐屯地
49 陸上自衛隊弘前演習場
50 三沢飛行場
51 航空自衛隊三沢基地
52 八戸駐屯地
53 八戸航空基地
54 八戸貯油施設
55 海上自衛隊八戸油槽所
56 三沢対地射爆撃場
57 陸上自衛隊岩手岩手山中演習場
58 岩手駐屯地
59 陸上自衛隊岩手駐屯地滝沢基本射撃場
60 王城寺原演習場
61 大和駐屯地
62 仙台駐屯地
63 霞目駐屯地
64 陸上自衛隊霞目駐屯地岩沼訓練場
65 陸上自衛隊神町大滝根演習場
66 神町駐屯地
67 陸上自衛隊神町東根基本射撃場
68 陸上自衛隊神町飛行場
69 大滝根山分屯基地

●関東（35ヶ所）
70 相馬原駐屯地
71 陸上自衛隊相馬原演習場
72 航空自衛隊百里基地
73 木更津駐屯地
74 嶺岡山分屯基地
75 キャンプドレイク
76 大和田通信所
77 朝霞駐屯地
78 所沢通信基地
79 入間基地
80 麻布ヘリ基地（赤坂プレスセンター）
81 ニューサンノー米軍センター
82 府中通信施設
83 府中基地
84 多摩サービス補助施設
85 横田飛行場

127 海上自衛隊第1術科学校
128 祖生通信所
129 岩国飛行場
130 見島分屯基地

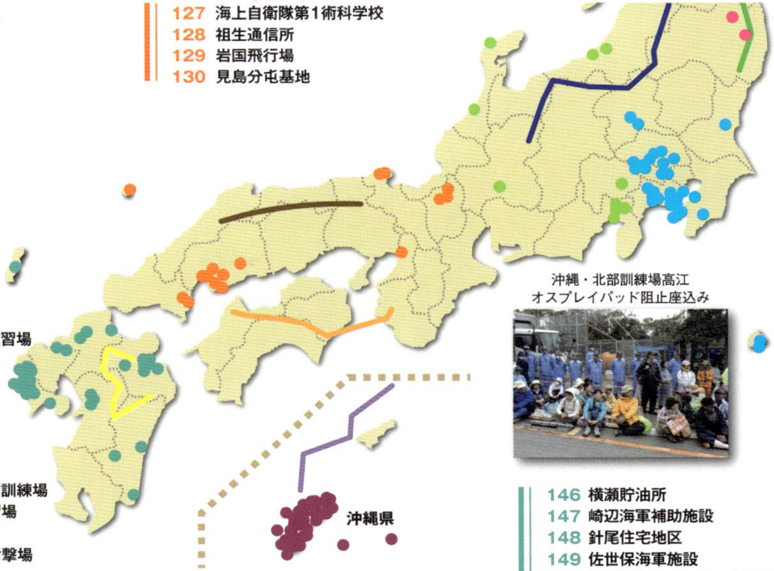


パープルルート

沖縄・北部訓練場高江
オスプレイパッド阻止座込み

●九州（36ヶ所）
131 陸上自衛隊九州地区補給処大分弾薬支処
132 陸上自衛隊別府中演習場
133 陸上自衛隊別府十文字原基本射撃場
134 別府駐屯地
135 湯布院駐屯地
136 陸上自衛隊湯布院日出生台大演習場
137 玖珠駐屯地
138 築城基地
139 板付飛行場
140 春日基地
141 背振山通信施設
142 航空自衛隊背振山分屯基地
143 対馬通信所
144 赤崎貯油所
145 佐世保弾薬補給所
146 横瀬貯油所
147 崎辺海軍補助施設
148 針尾住宅地区
149 佐世保海軍施設
150 佐世保ドライ・ドック地区
151 立神港区
152 庵崎貯油所
153 針尾島弾薬集積所
154 海上自衛隊佐世保造修所
155 海上自衛隊佐世保磁気測定所
156 海上自衛隊西倉庫
157 海上自衛隊佐世保防備隊
158 海上自衛隊平瀬隊舎
159 海上自衛隊佐世保教育隊
160 大村航空基地
161 北熊本駐屯地
162 健軍駐屯地
163 陸上自衛隊北熊本大矢野原演習場
164 新田原基地
165 陸上自衛隊えびの霧島中演習場
166 航空自衛隊高畑山分屯基地

●沖縄（37ヶ所）
167 奥間レスト・センター
168 慶佐次通信所（1haを残し2015年返還）
169 北部練習場
170 八重岳通信所
171 辺野古弾薬庫
172 キャンプ・シュワブ
173 金武レッド・ビーチ訓練場
174 金武ブルー／ビーチ訓練場
175 キャンプ・ハンセン
176 ギンバル訓練場（2011年7月返還）
177 津堅島訓練場
178 キャンプ・マクトリアス
179 天願桟橋
180 嘉手納弾薬庫地区
181 陸軍貯油施設(金武湾タンクファーム)
182 キャンプ・コートニー
183 ホワイト・ビーチ地区
184 浮原島訓練場
185 キャンプ・シールズ
186 キャンプ・フォスター（キャンプ瑞慶覧）
187 泡瀬通信施設
188 トリイステーション（トリイ通信施設）
189 嘉手納飛行場
190 陸軍貯油施設(桑江タンク・ファーム)
191 キャンプ桑江
192 普天間飛行場
193 牧港補給地区
194 那覇港湾施設
195 航空自衛隊那覇基地
196 与座岳分屯基地
197 黄尾嶼射爆撃場（尖閣諸島久場島）
198 赤尾嶼射爆撃場（尖閣諸島大正島）
199 伊江島補助飛行場
200 久米島分屯基地
201 久米島射爆撃場
202 鳥島射爆撃場
203 出砂島射爆撃場
204 沖大東島射爆撃場

＊基地の番号は地方別に色分けしてあります。＊不許可の複製は、著作権上違法となりますのでご遠慮ください。＊出典：ウィキペディア等から。(2010年頃)

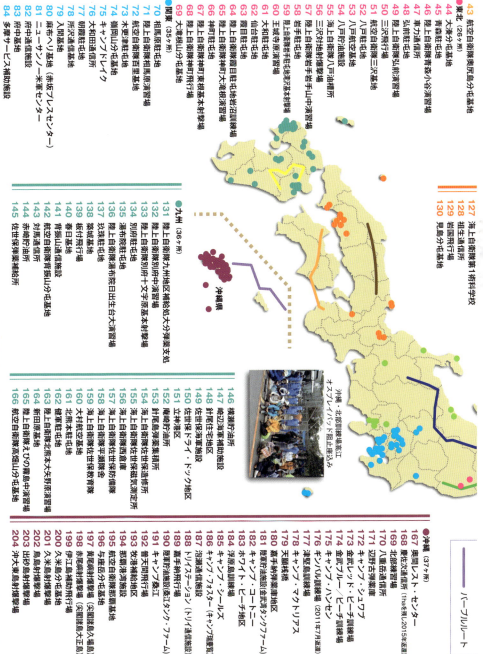

■全国の憲法九条の碑　建設年代順（2024年６月現在）

| 建設年 | 所在地/設置場所 | 建立主体 |
|---|---|---|
| ❶1985年 | 沖縄県那覇市寄宮/与儀公園 | 那覇市 |
| ❷1991年 | 広島県広島市勝木/墓地 | 栗原眞理子 |
| ❸1992年 | 石川県加賀市直下町/私有地 | 西山誠一 |
| ❹1995年 | 沖縄県読谷村座喜味/村役場 | 読谷村 |
| ❺2000年ごろ | 長野県中野市赤岩/谷厳寺 | 萩原宣章 |
| ❻2001年 | 三重県伊勢市朝熊町/共同墓地 | 朝熊町自治会 |
| ❼ | 沖縄県石垣市新栄町/新栄公園 | 石垣市 |
| ❽2002年 | 沖縄県西原町与那城/町役場 | 西原町 |
| ❾2004年 | 沖縄県石垣市新栄町/新栄公園 | 石垣市民の会 |
| ❿ | 石川県中能登町/私有地 | 杉本平治・杉本美和子 |
| ⓫2005年 | 岐阜県郡上市白鳥町/正法寺 | 西澤英達 |
| ⓬ | 埼玉県北本市中丸/安養院 | 岡田正安・檀信徒 |
| ⓭2006年 | 茨城県下妻市鯨/共同墓地 | 安原菊夫 |
| ⓮2007年 | 沖縄県宮古島市平良/カママ嶺公園 | 建立実行委員会 |
| ⓯ | 沖縄県南風原町喜屋武/黄金森公園 | 建立期成会 |
| ⓰2009年 | 長野県中野市永江/真宝寺 | 建設実行委員会 |
| ⓱2014年 | 茨城県古河市尾崎/長命寺 | 佐野俊正 |
| ⓲2015年 | 石川県輪島市門前町/私有地 | 川上清松・川上久美子 |
| ⓳2016年 | 岡山県鏡野町上斎原/私有地 | 秋山幸則 |
| ⓴ | 静岡県藤枝市瀬戸ノ谷/私有地 | 「９条の碑」建設の会 |
| ㉑2017年 | 沖縄県大宜味村大兼久/村役場 | 建立実行委員会 |
| ㉒ | 長野県長野市西尾張部/光蓮寺 | 吉田則彦 |
| ㉓2018年 | 愛媛県大洲市菅田町/私有地 | 大洲九条の会 |
| ㉔2019年 | 兵庫県福崎町八千種/共同墓地 | 嶋田正義・嶋田喜久子 |
| ㉕ | 北海道小樽市赤岩/私有地 | 北田健二 |
| ㉖2021年 | 埼玉県春日部市小渕/小淵山観音院 | ９条の碑を建てる会 |
| ㉗2022年 | 東京都足立区柳原/私有地 | 「九条の碑」を建立する会 |
| ㉘ | 茨城県北茨城市中郷町/私有地 | 伊藤満 |
| ㉙ | 京都府舞鶴市上安/まいづる協立診療所 | 診療所・友の会 |
| ㉚2023年 | 愛知県西尾市東幡豆町/私有地 | 大嶽昇一 |
| ㉛ | 宮城県塩釜市庚塚/坂総合病院付属北部診療所 | 建立する会 |
| ㉜ | 北海道室蘭市海岸町/私有地 | 憲法九条の碑をつくる会 |
| ㉝ | 鹿児島県奄美市名瀬/奄美中央病院 | 病院 |
| ㉞2024年 | 茨城県小美玉市/百里平和公園 | 建立実行委員会 |
| ㉟ | 京都府綾部市/京都協立病院 | 病院・綾部健康友の会 |
| ㊱ | 熊本県熊本市北区/くすのきクリニック | 建立実行委員会 |
| ㊲ | 山梨県北杜市須玉町/私有地 | 中田宏美 |
| ㊳ | 東京都府中市南町/私有地 | 「９条の碑」をつくる会 |
| ㊴ | 岡山県倉敷市玉島柏島/玉島協同病院 | 第9条の碑をつくり守る実行委員会 |

※「しんぶん赤旗」2024 年 6 月 5 日号より

## 南西地域における陸上自衛隊駐屯地等の設置状況

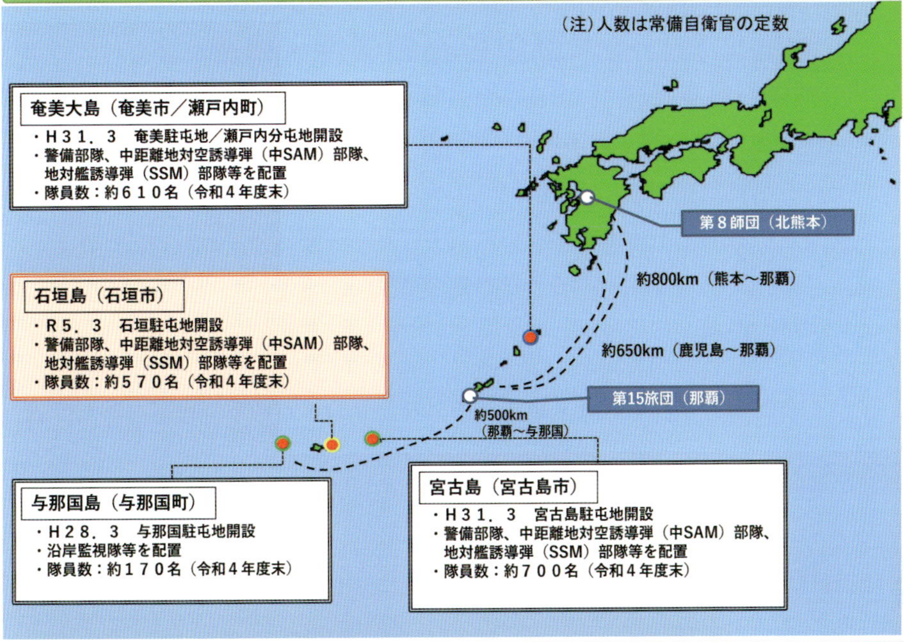


## 石垣駐屯地 完成イメージ図

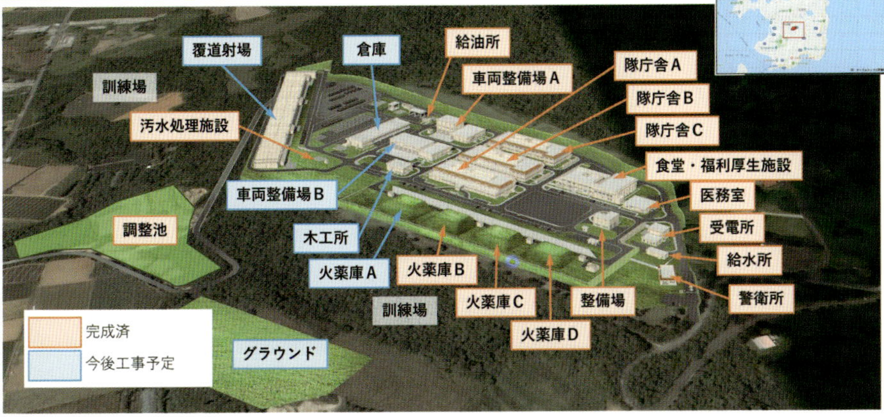


| 建物名 | 構造 |
|---|---|
| 隊庁舎Ａ | 鉄筋コンクリート造　地上２階（一部、地下１階） |
| 隊庁舎Ｂ | |
| 隊庁舎Ｃ | |
| 食堂・福利厚生施設 | 鉄筋コンクリート造　地上２階 |
| 車両整備場Ａ、Ｂ | 鉄筋コンクリート造　地上１階 |

| 建物名 | 構造 |
|---|---|
| 整備場 | 鉄筋コンクリート造　地上１階 |
| 医務室 | 鉄筋コンクリート造　地上１階 |
| 火薬庫（全４棟） | 鉄筋コンクリート造　地上１階 |
| 受電所 | 鉄筋コンクリート造　地上１階 |
| 警衛所 | 鉄筋コンクリート造　地上１階 |

※防衛省 2023 年 3 月 22 日住民説明会資料

# 沖縄における米軍がらみの事件・事故

## 戦後〜日本復帰（1945 〜 1972 年）

**※参考文献「よくわかる琉球・沖縄史　沖縄文化社編」その他新聞などから**

1945. 9 月　美里村で子どもをおぶった女性が、３人の米兵に拉致され、２年後に母子は白骨で発見

1948. 8 月　伊江島で、弾薬運搬船が爆発。連絡船がまきこまれ、下船中の乗客 106 人死亡

1950. 8 月　読谷村で米軍機の燃料補助タンクが落下、民家の庭先で爆発。１人死亡、３人重軽傷

1951. 10月　那覇市の民家に米軍機の燃料タンクが落下、爆発して民家全焼、５人死亡

1955. 9 月　由美子ちゃん事件。石川市の幼女が嘉手納村内で米兵に乱暴され殺害される

1959. 6 月　石川市の宮森小学校に米軍機墜落。17 人死亡、210 人負傷

1959. 12月　金武村のキャンプハンセンで弾拾いをしていた農婦を米兵が射殺

1960. 12月　三和村で米国人ハンターが老人を射殺

1961. 2 月　伊江島の米軍射撃演習場内で弾拾いをしていた男性を射殺

1961. 9 月　コザ市で米兵の車が少女４人をひき逃げ、２人死亡、２人負傷

1962. 12月　嘉手納村屋良の民家に米軍機が墜落。住民２人、米搭乗員５人死亡、８人重軽傷

1963. 2 月　国場君れき殺事件。那覇市で下校途中の中学生が、信号無視の米軍トラックにひかれ死亡（米兵無罪）

1964. 8 月　北谷村桑江海岸で潮干狩中の男性が、米軍の流れ弾に当たり死亡

1965. 4 月　※嬉野京子さん撮影の少女　れき殺事件

1965. 6 月　棚原隆子ちゃん事件。米軍機からトレーラー落下。下校中の小学生が下敷になって死亡

**1966. 5月**　嘉手納基地で離陸に失敗した米軍機墜落。通行人１人、米乗員10人死亡

**1966. 5月**　那覇市でタクシー運転手が米兵に刺殺される

**1967. 10月**　嘉手納村屋良の井戸４か所に米軍基地からの廃油が混入。井戸水が燃える

**1968. 1月**　浦添市の米軍兵舎でメイドが殺される

**1968. 11月**　嘉手納基地でB52が墜落。住民４人負傷、民家300余が損害

**1969. 7月**　基地内でガス漏れ事故。米兵24人入院

**1970. 5月**　具志川村で下校途中の女子高校生が米兵に襲われナイフで刺される

**1970. 9月**　糸満町で米兵が主婦をひき殺す（米兵無罪）

**1970. 12月**　コザ騒動。コザ市で米兵による交通事故をめぐり、騒動。70余台の米軍車両が放火される。県民の怒り

**1972. 4月**　北中城村で飲食店の女性が米兵に殺される

※その他、警官が米兵に殺されるなど表に出ない事件・事故が多数あった。統計は困難。

**1972. 5月**　アメリカ支配27年間に終止符。
「祖国復帰」名実ともに「沖縄県へ」

**1995年**　３人の米兵による小学生少女暴行事件

**2004年**　沖縄国際大学本館へ米海兵隊大型ヘリコプター墜落、炎上

**2016年**　名護市集落近くへオスプレイ墜落
米軍属による強姦、死体遺棄など、凶悪犯総数**584**件

**2017年**　授業中の小学校校庭へ大型ヘリコプター窓枠80キロが落下、など航空機・関連事故**862**件

※祖国復帰以降2018年までは、「沖縄県基地対策課発行Q & A Book」P11、12、13、裏表紙参照

# 米軍が横暴の限りを尽くす沖縄

## 2019 年 5 月〜 11 月までの半年間の米軍被害と違反

※参考文献「基地のない平和な沖縄を」（沖縄県民と連帯する府中の会）

| | |
|---|---|
| 5 月 15 日 | 津堅島沖でパラシュート効果訓練 |
| 18 日 | 大謝名で過去最大の 124db の騒音 |
| 19 日 | 普天間で外来機の離着陸 2.5 倍に |
| 21 日 | 大工廻川に有害物質 |
| 22 日 | 嘉手納でパラシュート降下訓練 |
| 23 日 | 津堅島沖でパラシュート降下訓練 |
| 6 月 6 日 | 津堅島沖で今年 6 回目の降下訓練 |
| 7 月 12 日 | 基地周辺の河川調査 18 年度却下 |
| 8 月 28 日 | 津堅島沖でパラシュート効果訓練 |
| 30 日 | 普天間のヘリ CH53 窓を落とす |
| 9 月 8 日 | CH53 の飛行再開 |
| 25 日 | 辺野古沖に墜落したオスプレイ事故で機長など事情聴取できないまま送検 |
| 10 月 10 日 | 高江でヘリが銃口外に向け飛行 |
| 18 日 | MC130J 部品落下を通報せず |
| 30 日 | 嘉手納でパラシュート降下訓練 |
| 11 月 3 日 | 米軍嘉手納沖事故隠す |
| 15 日 | 津堅島沖でパラシュート降下訓練 |
| 16 日 | 嘉手納に外来機相次いで飛来 |

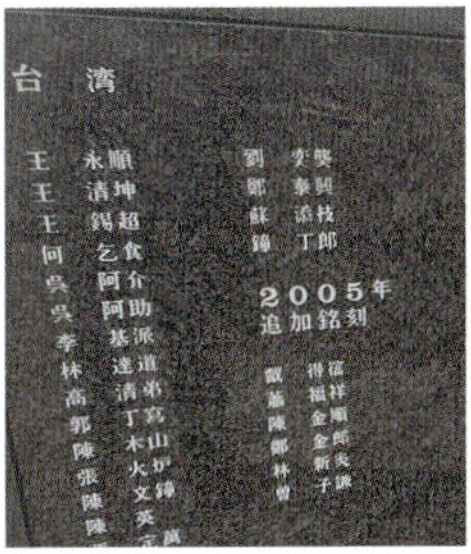

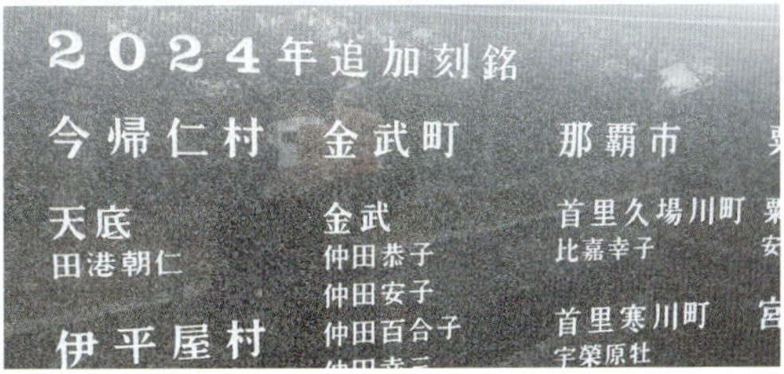


# 平和の礎《いしじ》

戦争は敵味方関係無く犠牲者を生むのです
アメリカ 14,010 人、イギリス 82 人、台湾 34 人、
北朝鮮 82 人、大韓民国 381 人を含め
2024 年現在、242,225 人が刻銘され、
犠牲者は毎年追加されて増え続けています
2024 年追加刻銘 181 人

（糸満市摩文仁　2024.6.）

# おわりに
## ―連帯を求めて―

「プロでないから良い！」のことばに動かされての写真展。
二〇二〇年東京「ギャラリー結」、二〇二三年福島「コラッセ」をまとめて「ウチナーンチュ ぬウムイ」を出版した。
それは、私の反戦活動の記録として、家族や友人たちに渡すつもりの限定出版であった。しかし、友人たちの協力で部数がすぐに底をつき、増版の要求に苦慮することになった。
その後、「百聞は一見にしかず」で、旅を続けた平和への想いも加えたらどうかと遊行社、本間さんの勧めに「知らせたい！」と心が動いた。
米軍の軍事戦略「第一列島線」「第二列島線」による南西諸島ー種子島・奄美・沖縄本島・宮古・石垣・与那国ーの要塞化。北マリアナ諸島ーグアム・サイパン・テニアンー等の軍事基地建設の現場を見、インドネシアで、12才で日本軍の慰安婦にさせられたスキニさん（94才）の悲惨な体験を聞き、「知らせなければ！」と思ったことで決まった。
「知ること！」で平和を築くために連帯し闘い、希望を持つことができる。
この小さな本が、平和を築くための連帯に役立つことを、私は願う。

最後に、多くの協力者があってこそ（多すぎて名前をすべてここに記すことは出来ないが）新装版が実現したことを肝に銘じて、これからも連帯して多くの地域・人々と「反戦平和」の活動を続けようと思う。

多謝!!

2025年1月

仲宗根　和子

【表紙写真】

広島の「平和の灯《ともしび》」・長崎の「誓いの火」・沖縄の「平和の火」（米軍上陸最初の地・座間味村《ざまみそん》阿嘉島《あかじま》で火打石で起こした）が合わされて燃えている。

6月23日の慰霊の日、他の特別の日以外は地下に安置されている。

（糸満市摩文仁　2018・6・23）

なかそね かずこ

1947 年沖縄県勝連（現うるま市。原子力潜水艦寄港地・ホワイトビーチのある所）で生まれる。
70 年、琉球大学卒業。県立高校教師となる。
38 年間、高教組の一員として、「教え子を再び戦場に送らない」のスローガンのもと、反戦・平和・人権と九条を守る活動に加わる。
著書に『写真で伝える　ウチナーンチュ ぬ ウムイ』がある。
2008 年、定年退職後、写真を趣味とし、沖縄県民の闘いや、旅行、花などを撮っている。

**— 親族の戦争体験 —**

父は従軍、母は弟妹と熊本に疎開するとき、撃沈された学童疎開船対馬丸の 1 便前の船に乗っていた。 父の兄、母の父は沖縄戦で死亡、遺骨は未だ見つかっていない。伯父は魂魄の塔、祖父は島守の塔に祀られている。

写真は語る

**沖縄の危機は世界の危機**
**ウチナーンチュ ぬ ウムイ**

---

2025年 2 月15日　初版第 1 刷発行

著　者　仲 宗 根　和 子
発行者　本 間　千 枝 子
発行所　株式会社遊行社

〒191-0043 東京都日野市平山1-8-7
TEL 042-593-3554　FAX 042-502-9666
https://morgen.website

印刷・製本　株式会社エーヴィスシステムズ

 ISBN978-4-902443-80-6